孩子喝着水不断长大。

孩子已经长到十岁，单个水分子的直径仍然是0.3纳米。

李庭模 著

李庭模于延世大学生化系研究生毕业，后在德国波恩大学化学系研究昆虫和植物的交流。曾任安阳大学教养系教授。之后又担任西大门自然史博物馆馆长和首尔市立科学馆馆长。现任国立果川科学馆馆长。

金振赫 绘

金振赫是一位喜欢漫画和电影的绘画家。绘制了许多网络漫画，也计划出版单独的漫画作品。他十分热爱生活，接下来的目标是不断画出新颖多样的漫画。

前 言

大家知道在生活中我们离不开的物质是什么吗？我们不妨先来选两种吧，它们就是电和水。在历史的长河中，探寻万物的起源是十分重要的。宇宙大爆炸不仅形成了时空和能量，更让一些物质具有了生机。氢是宇宙大爆炸诞生的第一种化学元素，它既是孕育生命的水的构成元素，也是宇宙中最多的元素。

我们的宇宙诞生于138亿年前的一场大爆炸，宇宙空间深不可测。为了便于理解，我们可以把宇宙空间缩小到自己能够感受到的范围。同样，由于水分子太微小了，我们用眼睛根本不可能看到。所以在这本书里我们放大了水分子。书中水分子的绘制参考了水分子实际的结构。如果你也对水是如何产生的、它有什么样的特性、会有怎样的变化等知识感兴趣，就请阅读这本书吧。

奇妙的宇宙大爆炸之旅

活泼的水

[韩]李庭模 著 [韩]金振赫 绘
汪洁 译 余恒 审

電子工業出版社
Publishing House of Electronics Industry
北京·BEIJING

哗啦
啪

是不是修不好了？是因为水吗？
嗡
嗡
嗡
没事的。
别担心。

今天真倒霉。
咚
白天还伤到了
咚

秀雅，晚安！

大家都喜欢水。

也许是因为人的身体就是用水做的吧。

哗啦
周岁宴
啵

我是水呀！
其实你也是水做的。

请允许我用最亲切和正确的方式介绍一下自己。我是“水分子”。
像我这样肉眼看不到的微小水分子得放大点儿看。
厉害了。

从某种意义上说，我们可以把人的身体称为“水袋”。
人就像一个装着36.5摄氏度温水的袋子。

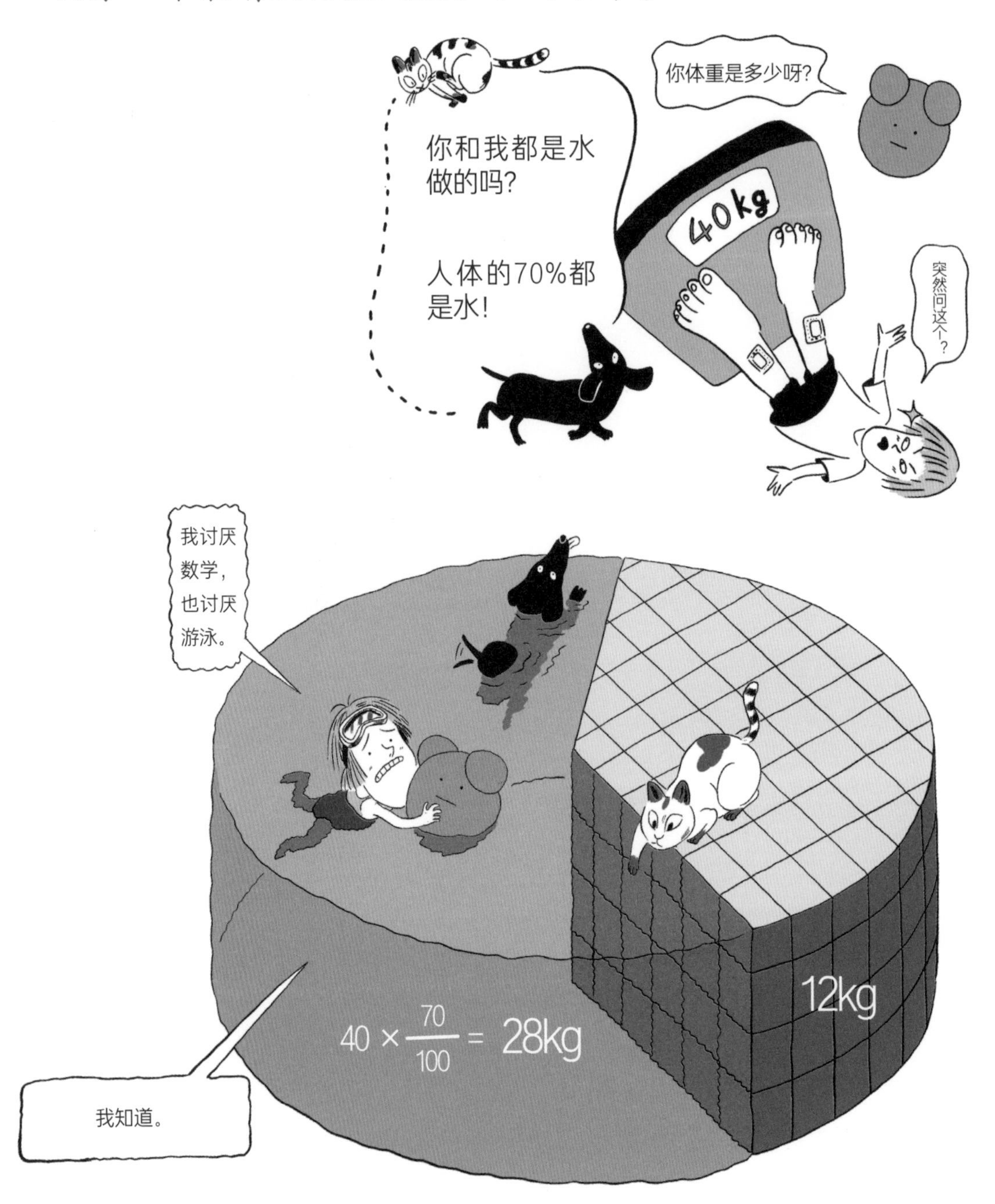

不仅是人类，动物、植物等生命体其实都是由水构成的。

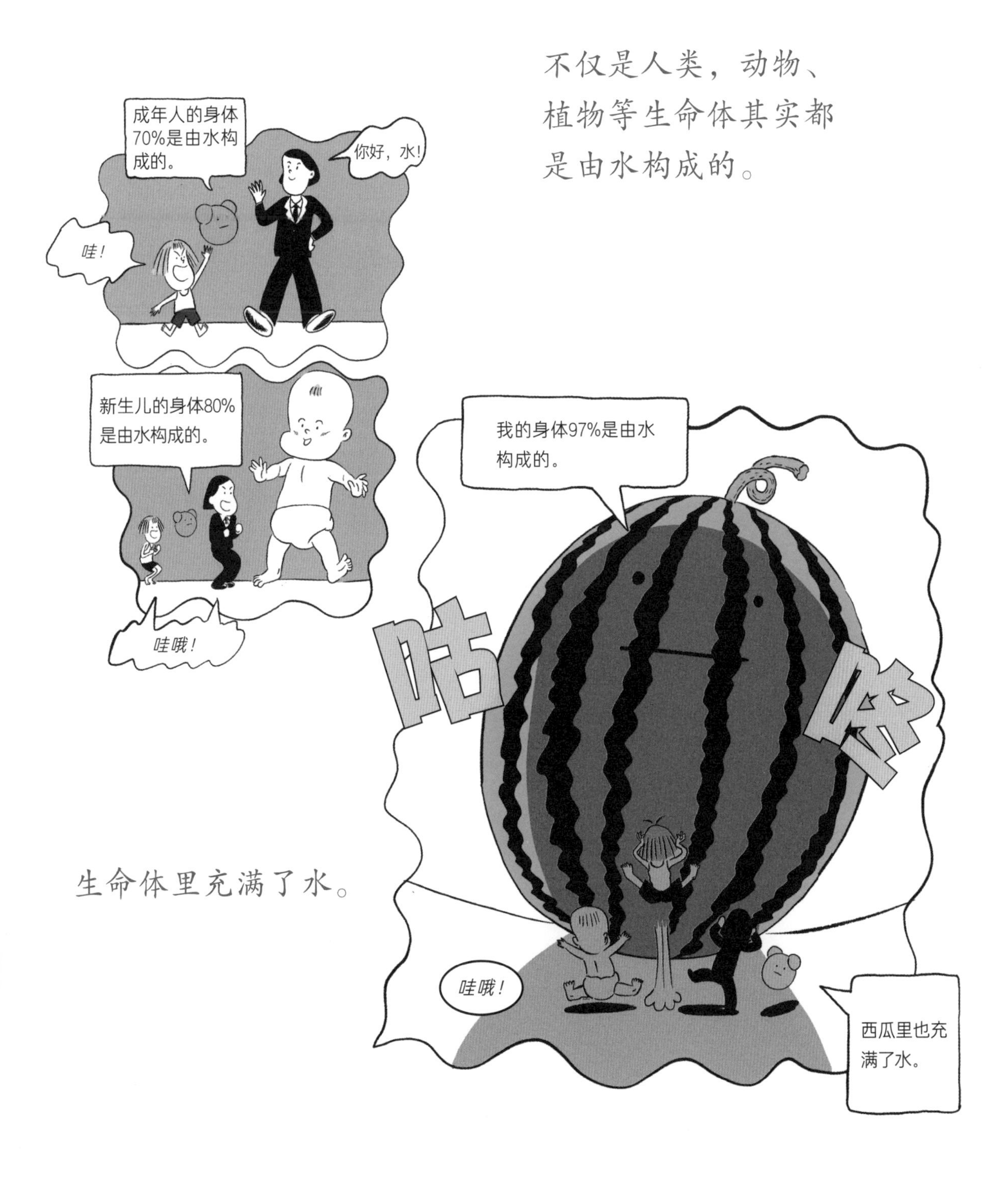

生命体里充满了水。

如果说生命体是由水构成的，听起来感觉好弱啊。
假如人的身体是铁做的，听起来就会强壮很多。

那么会发生什么事情呢？
蚊子叮不动我们，也就不会起蚊子包啦！
而且电和热都变得更加畅通！

人体如果是铁做的，
最遗憾的一件事情莫过于不能吃东西了。
你的身体如果是铁做的，
吃进体内的食物就不会被消化，也不会有任何的变化。
也就是说，不会发生任何维持生命所需的反应。

人的体温变化是十分灵敏的。
体温稳定在36.5摄氏度左右的理由只有一个，那就是这个温度是蛋白酶能够自由活动的温度。
蛋白质是人体内产生能量的物质之间的媒介。
蛋白酶是和水结合在一起的。

!

吃进去的食物想要被身体吸收，体温很重要。

36.5度。

每年大约有1吨重的食物会被吃进人体内，而这些吃进去的食物大多数是由水组成的。

我们人体内部有蛋白质等多种物质，这些物质分裂又互相结合，它们在一起互相进行反应。
它们在这些反应中制造细胞，产生与病菌斗争的力量。

如果人体必需的蛋白质或者铁等物质想要互相接触并发挥作用的话，就需要一个相对自由的空间。
水可以很好地提供这样一个空间。
如果想要维持人体的温度，我们就需要借助水来帮助体内的物质不停地运动。

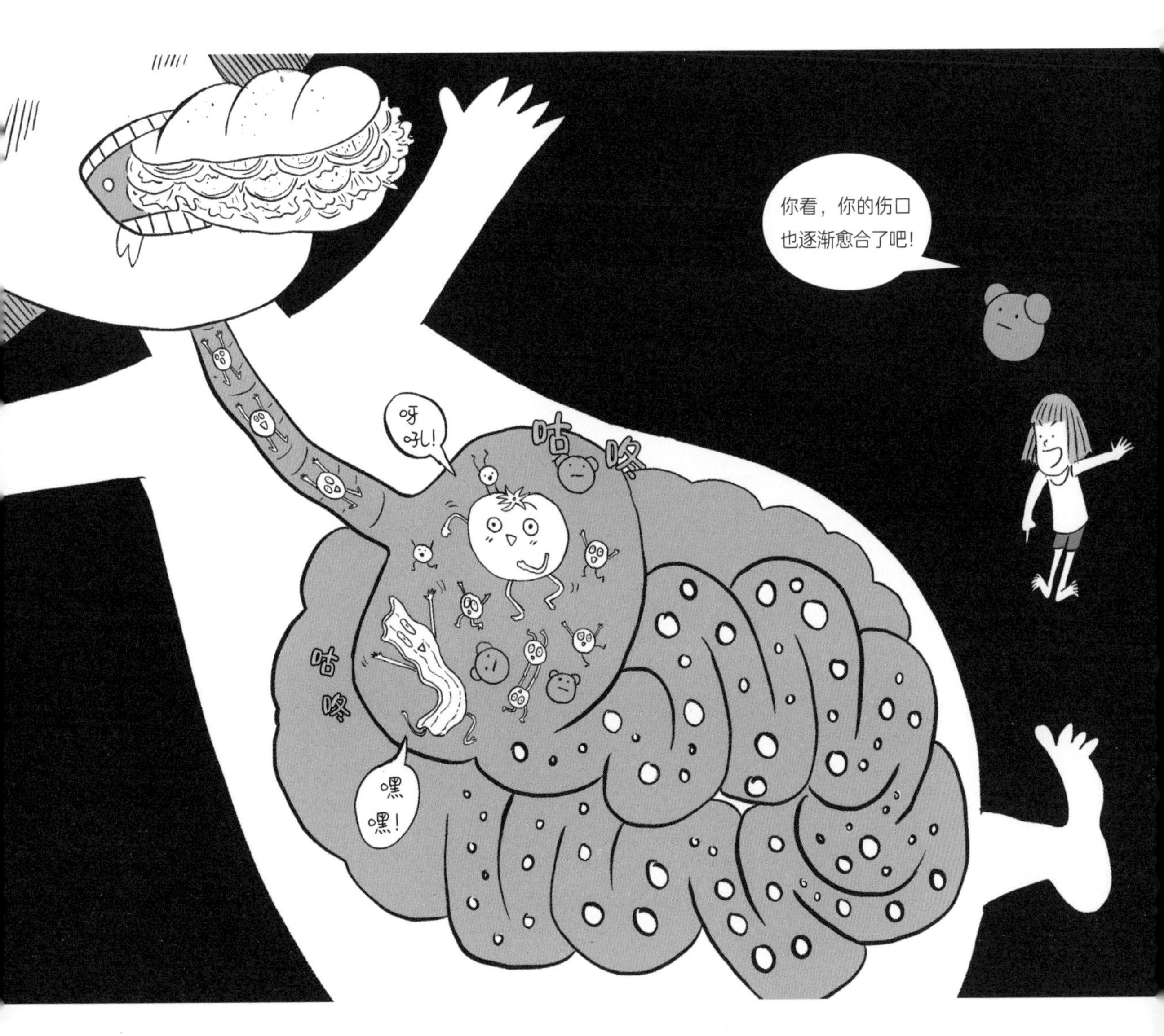

人体内的物质大多是在水中发生反应，然后形成的。
水占据生命体的大部分是理所当然的。
所以我们也可以说——

水是生命之源。

有溶于水的物质，也有不溶于水的物质。
哇！简直太聪明了。
这是人们通过实验得出的结论。
再多给我讲讲吧！

水是由水分子构成的。
一个水分子由一个氧原子和两个氢原子组成。

化学家很久很久以前就存在了。
对科学实验乐此不疲的化学家们努力地寻找每一种物质所蕴含的性质。

科学家们通过陆续的实验，发现了液态的水、固态的冰和气态的水蒸气。

每种物质的冰点和沸点是不一样的。冰在高于0摄氏度的环境中就会慢慢融化，变成液态水。固态铁在高于1500摄氏度的环境中会慢慢变成液体。

因为水是一种人们常见且性质相对稳定的物质，所以成了测量温度的标准。
水达到100摄氏度就会变成气体。我们用肉眼是看不到气体的。
气态的水被称为水蒸气。
我说过了，水分子的样子……
是不会变的！
当水温变高，水分子的运动速度也会加快。
水蒸发后就变成了水蒸气。

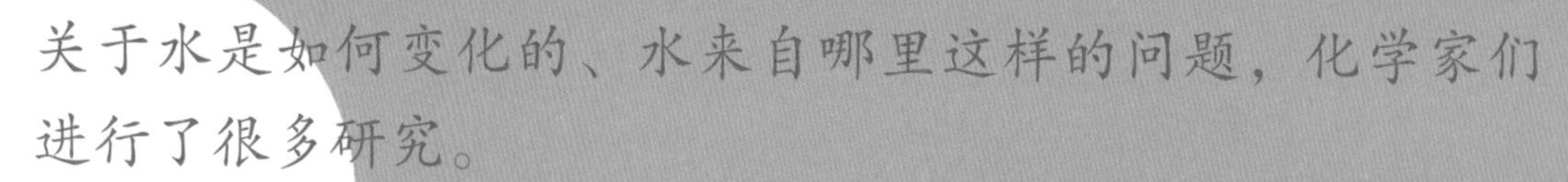

关于水是如何变化的、水来自哪里这样的问题，化学家们进行了很多研究。

生命的起源离不开水的作用。

液态水具有相互吸引的性质。所以高处的水与低处的水相遇后，会汇聚在一起继续流动。

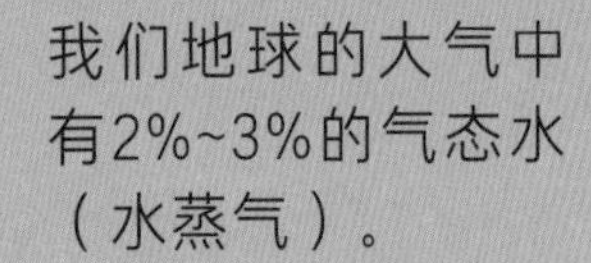

我们地球的大气中
有2%~3%的气态水
（水蒸气）。

大部分生活在水里的动物身体的密度和水的密度差不多，所以它们可以在水中游泳，不会沉下去。

宇宙中也有很多的水，比我们想象的要多得多。
但是，为什么我们看不到呢？
因为它们分散在气体中漂浮着，所以我们无法用肉眼看到。

在太阳系的行星中，只有一颗充满液态水的行星——这就是地球。

海洋里的生物很多，对于它们来说水是不可或缺的。
这些生物离了水几乎是不可能生存下来的。

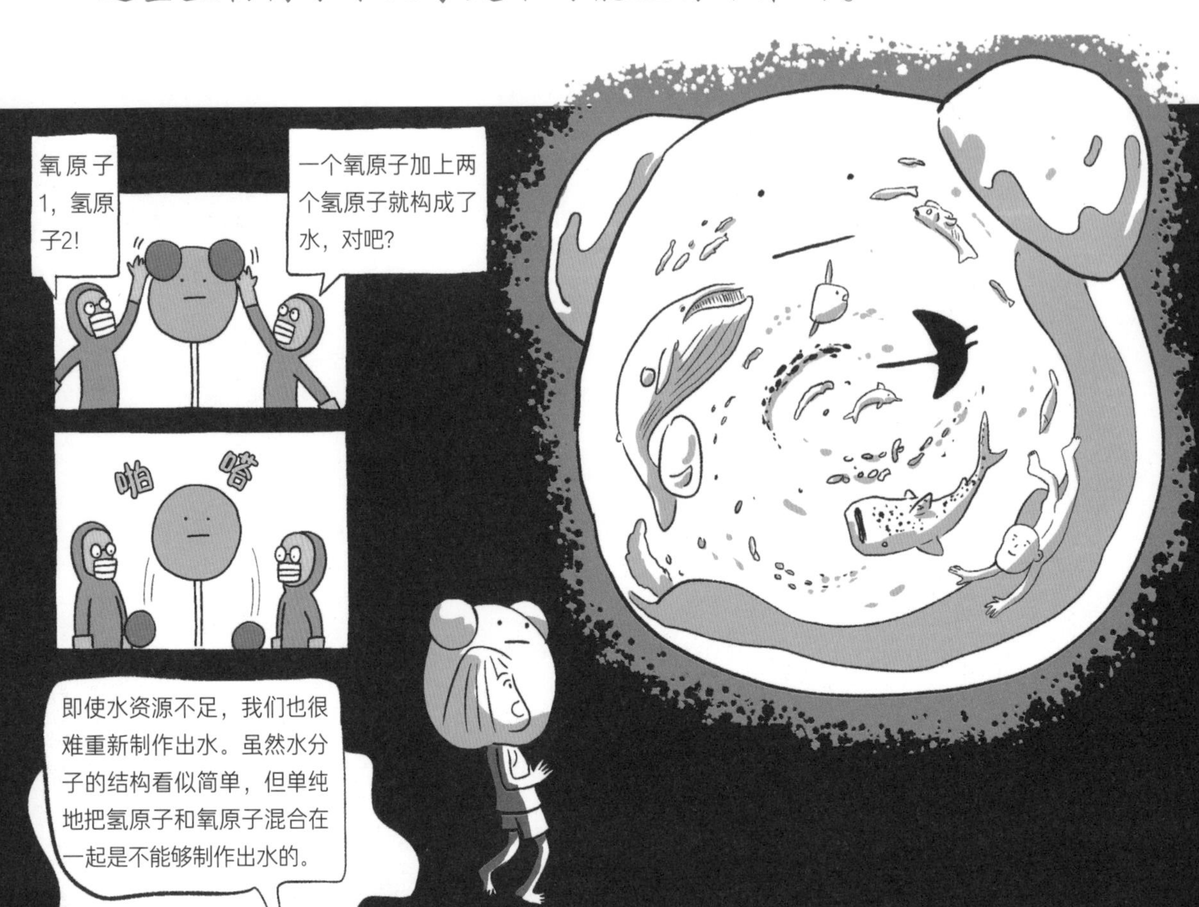

我知道水是怎么构成的，但为什么制作水会这么难?

平时，氢原子与氢原子在一起，氧原子与氧原子在一起。

分不开!

即使是爆炸这样巨大的能量，也只会产生那么一点点的水分子。

这就是为什么大人们唠叨节约用水的原因。

人们虽然喜欢水，也发现了很多水的秘密，但是水还有很多未知的特征。

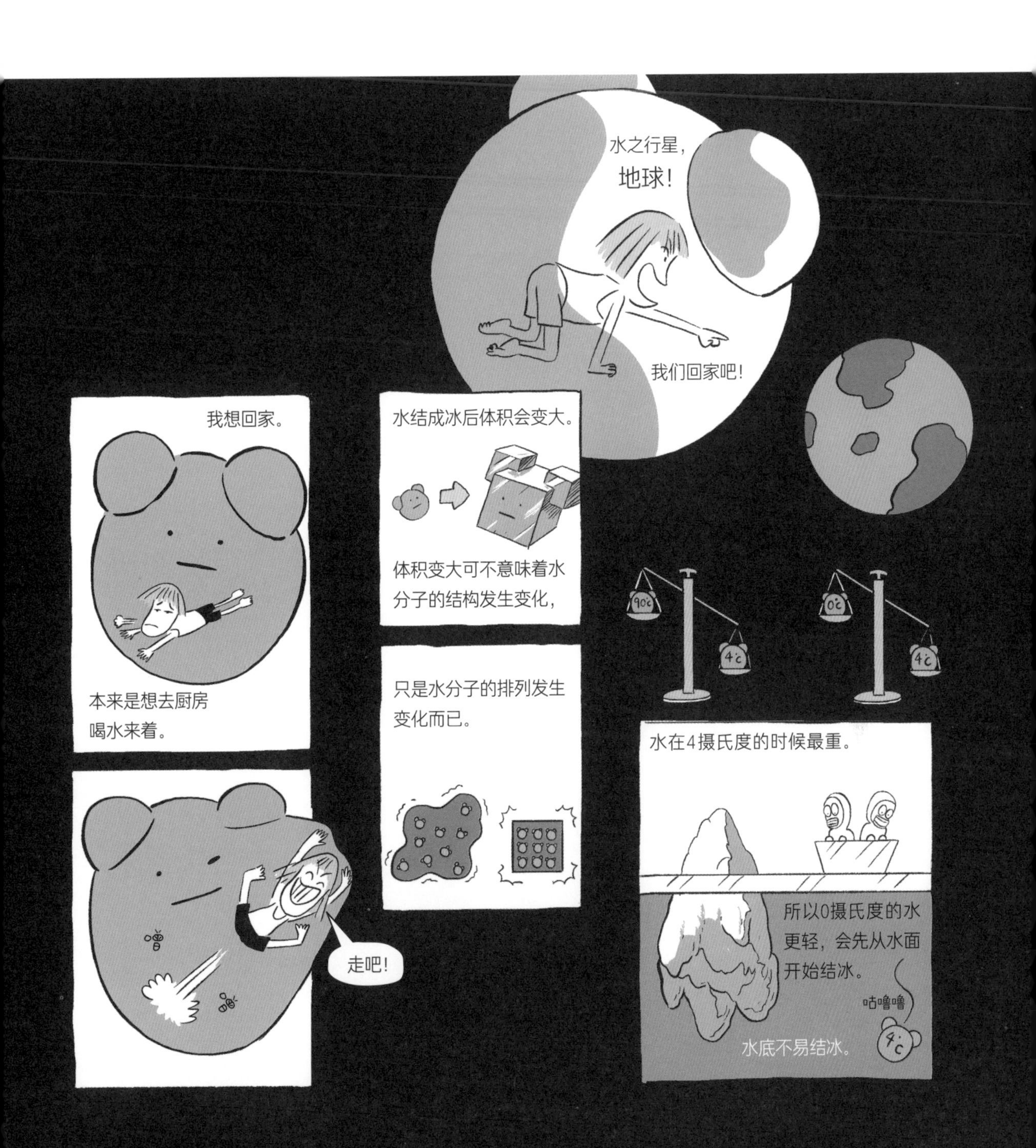

不管怎么说，水是生命之源，
这是它最神奇之处。
但水并不是生命体。

我们的身体看起来像一个大水罐子，
也可以说是一个灌满水的、软乎乎的水球。
但我们绝不能小看水，
因为水积聚起来会产生强大的力量。
这种力量甚至可以切断金属。

回家啦!
你去哪儿了?

已经早上了呀!

伤都好了吧?水分子的运动仍在进行着。
嘿嘿!
哒
哒
哒

不是说不骑自行车了吗？膝盖好了？
秀雅！把水带上！

所以说水构成了这些奇妙的生命。

水是什么时候诞生的呢?

我记得是你出生的那一天。

和我一起出生的?

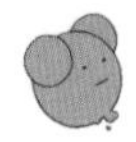

哈哈，生日当然不一样啦。我在旅行的途中听人们说水在很久以前就诞生了。

几月几日?比我大很多吧?

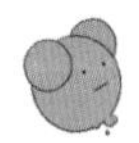

水诞生在很久很久以前，具体时间肯定是无法计算的。

比宇宙大爆炸的时间还早?

你知道宇宙大爆炸?

可能没有不知道宇宙大爆炸的小朋友吧!

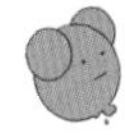

啊哈!宇宙大爆炸产生了巨大的能量，之后产生的第一个元素就是氢。再之后，又产生了许多不同的元素，随之又产生了水这样的物质。

那我体内的水的年纪比我还要大了?

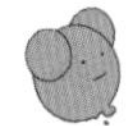

对!跟我在一起你真是越来越聪明了!

今天你为什么来找我呢?

因为想给你治疗一下腿伤。

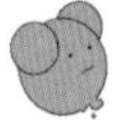

你好像只说了你自己的事情。

我的事情不就是你的事情嘛。

呃……

嗯?

我承认，我们人类的身体真像个水袋子!

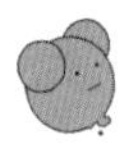
其实，我是一只帮助你止住眼泪的水精灵。

别闹了!

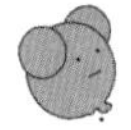
想哭的时候，就回想一下与氢原子、氧原子和我水分子在一起的今天。然后喝杯水，心情就会平静下来，眼泪也会止住的。

到了该分别的时候了。你要去哪里?

我要变回原来的大小——0.3纳米。即使你看不到我，我也会一直在你身边。

关于水

宇宙大爆炸形成了我们今天的宇宙，这可以说是宇宙历史上发生的最大事件了。那么之后又发生过什么大事件呢？那正是恒星的诞生。宇宙大爆炸之后，形成了构成恒星所必需的物质——氢元素（H）。随着这种物质的形成，宇宙中逐渐出现了像太阳这样能够发光的星体。

氢元素是宇宙大爆炸产生的第一种元素。它最小也最轻，在我们今天的宇宙中氢元素的含量也是最高的。之后随着大量恒星的产生和爆炸，又出现了许多其他元素。

形成生命的水也需要氢元素。认识氢元素有助于我们今后对元素周期表的学习。我们学习了氢元素后，对于那些很重的元素，比如元素周期表上79号金元素或80号汞元素的相关知识就更加容易理解了。如果想更加深入地学习科学知识，不妨先了解一下元素周期表内各元素的排列顺序。有可能你会觉得许多元素的名称复杂难懂，但一定不要知难而退哦。现在，我们的自然界中有94种元素，地球上的一切都是由它们构成的，这是一件十分奇妙的事情。学习元素周期表也有助于我们今后对生物及物质特征的理解。

化学这个词时常与含有“危险、可怕”之意的词语联系在一起。这对于一名学习化学专业的人来说真是有些遗憾。有些同学从中学开始学习元素的相关知识，但是最终没能坚持下去。其实对于化学家来说，也不可能对118个元素做到完全理解、融会贯通。更何况元素是肉眼看不到的，研究难度就更大了。在研究时，我们要寻找物质的本质，找到那些不能被忽视的物质。

元素间相互结合就会产生世界上所有的物质。水和所有的生物都是这样形成的。所以我们通过学习化学知识就会知道组成身体的物质有哪些，进入人体的食物到底是如何被消化吸收的，它们是如何维持人体的各种功能的，等等。我们生病时吃的药也是依靠化学的力量制成的。看到这里你是不是想更多地了解一下化学呢？

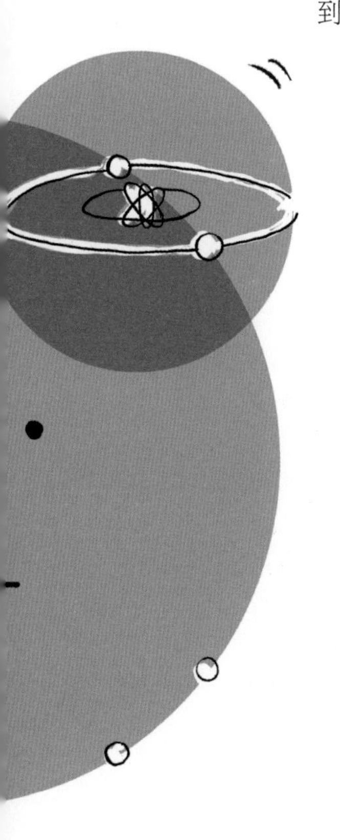

那么我们应该怎样开始学习化学呢？如果你能够把化学元素表都记下来，那今后学习化学就会容易许多。不要觉得背诵是一件很枯燥的事情哦！熟记一些必要的常识会让我们的生活变得更加便利。此外，我们还可以通过背诵领悟、理解其中的奥妙。特别是在背诵化学元素表的时候，比起按顺序背诵，我认为整体记忆的方法更好。熟记各元素在表内的位置和性质，还能预测到哪些元素能够相互结合。

宇宙大爆炸38万年后产生了首个原子——氢原子。这些肉眼都看不到的小粒子，通过组合和聚集形成了巨大的宇宙和时空，也创造出了大自然和物质，以及珍贵的生命。虽然不需要我们每个人都成为化学家，但是了解化学知识有助于理解世间万物，真实地看待世界，科学地思考问题。遇到大气污染或环境问题时，了解相关的化学知识，也会有助于我们找到解决问题的方法。

2个氢原子和1个氧原子共聚形成了水分子。水分子看似是固定的，但其实不是。每个原子都蕴含着能量，所以水分子是在不停运动的。其实，我们身体里的水也不是永恒不变的。水在身体里进进出出，最后遍布地球的各个角落。水分子的3个元素结合在一起，因为太小，我们用肉眼根本看不到。但人类就是由这样微小的水分子构成的。我们都是由水组成的，仅此一个理由，也说明化学还是很值得学习的。哦，对了，其实我们已经和喜欢旅行的水分子一起开始学习化学了。

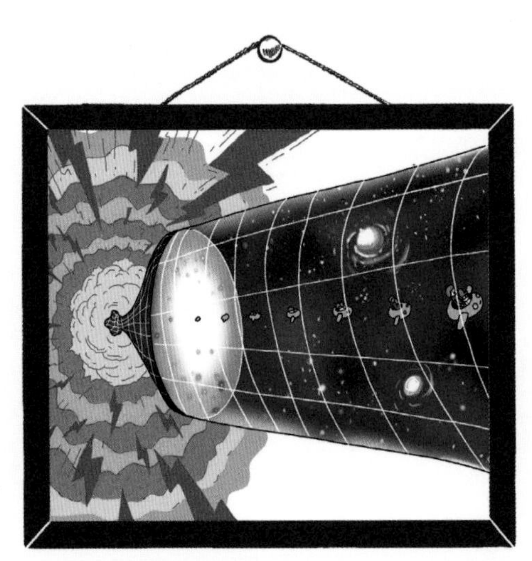

宇宙大爆炸之后产生的第一个元素就是氢。

还想知道

问题1 化学是研究什么的呢？

化学研究的是构成我们人体的物质和围绕在我们周围的所有物质，也就是研究构成宇宙的物质。但我们不能单纯地认为化学仅仅是研究物质构成的，化学家们还有更重要的事情——那就是研究变化。所以我们说，化学是研究构成宇宙的物质及物质变化的一门学问。

问题2 宇宙中含量最多的是氢吗？我们身体里也是吗？

宇宙中氢的含量最多，理由很简单——因为氢原子的结构最简单。它的核内有一个质子，而核外也只有一个电子。宇宙大爆炸后，微小的粒子相互结合，最先形成了氢。之后，氢生成了氦，氦又生成了碳、氧和氮等。

但是，宇宙中氢的含量最多并不意味着在我们身体里氢的含量也最多。不是所有构成宇宙的元素在我们身体里都存在。另外，我们身体里的元素比例与宇宙中的元素比例也是完全不同的，这是生命的特征所决定的。无论是在宇宙中还是在其他行星里，氢的含量都是最多的。但是地球却不同，地球上氧的含量最多。我们人体中氧的含量也是最多的，占人体重量的67%左右。也就是说，我们身体的2/3是氧元素。假如你的体重是30千克，那么其中有20千克就是氧元素。

水（H_2O）中含有氧，碳水化合物、脂肪、蛋白质和维生素等物质中也含有氧。氢的含量虽然也很多，但因其质量本来就小，所以占的比重就很小。氢的摩尔质量只有氧的1/16。

问题3　为什么氢的质量那么小?

我们在堆雪人的时候，一开始也是从一个一个的小雪球开始堆起的。在自然界中存在的94个元素里，1号氢元素就相当于那个为了堆雪人而堆起的第一个小雪球。

所有的原子都是由原子核和核外电子组成的。原子的质量主要集中在原子核上。氢的原子核里只有1个质子。随着质子数量逐渐增加，原子的序号也随之递增。自然界中最重的元素钚（bù），它的原子核内有94个质子，所以它的原子编号是94号。

但是，原子的大小并不是由原子核决定的，而是由电子壳层决定的。如果把氢原子比作一个足球场，那么原子核的大小相当于站在足球场正中间的瓢虫，剩下的部分是电子壳层。氢原子的核外只有1个电子。如果说氢的电子壳层有足球场那么大，那么钚的电子壳层就有100个足球场那么大。可以想象氢有多么小了吧!

问题4　听说水分子间有一种叫“氢键”的作用，这到底是什么意思呢?

水是由氧原子和氢原子结合而成的，我们把氢原子和氧原子的这种结合方式叫作“共价键”。这种结合是非常牢固的，就像螺栓和螺母结合在一起一样。水分子中的氢原子拉拽另一个水分子中的氧原子的现象，就是“氢键”，就像一个磁铁的N极拉拽另一个磁铁的S极一样。

我们很容易就能把N极和S极吸在一起的两块磁铁分开，水的氢键也很容易被分开，就像分开黏住的便利贴那样简单。虽然氢键并不牢固，但我们要感谢氢键，因为有了氢键，蛋白质才能起到酶的作用。在宇宙中数量最多、结构最简单的氢元素能够发挥如此大的作用，真是令人惊讶！

问题5　氧是什么时候产生的?

氢和氦是在宇宙大爆炸的过程中产生的。这是第一颗星星发光之前的事情了。今天的宇宙中之所以存在如此多样的元素，是因为我们的宇宙有许多“元素工厂”，宇宙中那些闪耀的星星就是制造元素的工厂。作为“元素工厂”的星星上充满了氢原子。这些氢原子聚集成氦原子，两个氦原子融合变成铍（Be）。再加一个氦原子,就变成了碳（C）。之后元素的生成会重复以上的过程。碳再加上氦原子就变成氧元素（O），紧接着就是氖元素（Ne）、镁元素（Mg）和硅元素（Si）。两个硅原子融合形成铁元素（Fe）。

这些元素都是在星星“元素工厂”里形成的。当这些星星爆炸成为超新星的时候，凝聚在星星上面的元素便会分散到宇宙空间中去。

比铁还要重的原子是如何形成的，长期以来一直是个谜。因为现在我们可以观察到引力波的存在，所以这个谜团也就被解开了。恒星在爆发过程中可以产生一部分比铁重的元素，而大部分重于钌（44）的元素是在中子星并合过程中形成的。

当然，元素也不都是这样产生的。元素周期表中共有118种元素，95号到118号元素在自然界中是不存在的。它们是科学家们在实验室里制造出来的元素。

元素周期表

这是根据原子量从小至大排序的化学元素列表。

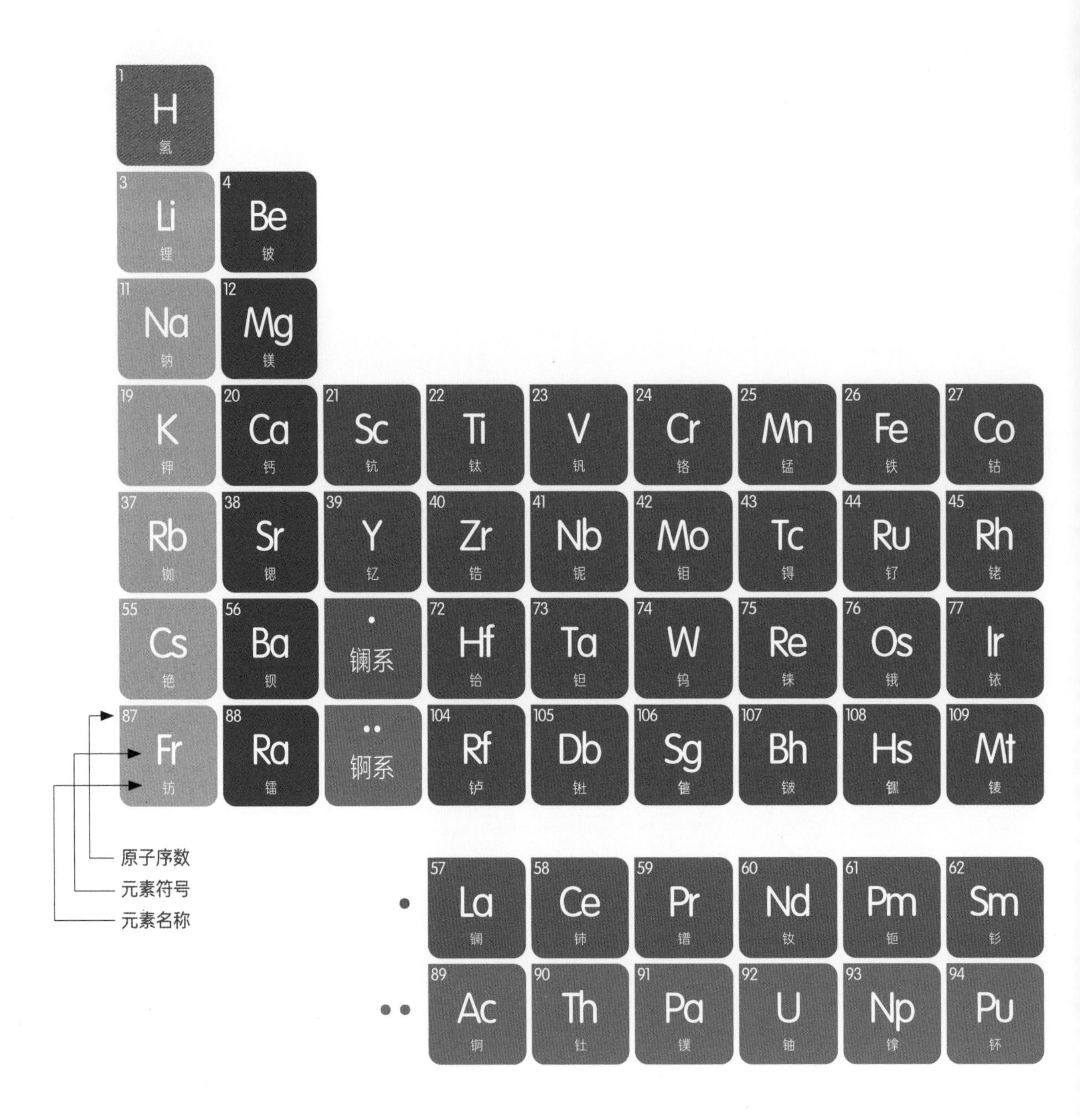

								2 He 氦
			5 B 硼	6 C 碳	7 N 氮	8 O 氧	9 F 氟	10 Ne 氖
			13 Al 铝	14 Si 硅	15 P 磷	16 S 硫	17 Cl 氯	18 Ar 氩
28 Ni 镍	29 Cu 铜	30 Zn 锌	31 Ga 镓	32 Ge 锗	33 As 砷	34 Se 硒	35 Br 溴	36 Kr 氪
46 Pd 钯	47 Ag 银	48 Cd 镉	49 In 铟	50 Sn 锡	51 Sb 锑	52 Te 碲	53 I 碘	54 Xe 氙
78 Pt 铂	79 Au 金	80 Hg 汞	81 Tl 铊	82 Pb 铅	83 Bi 铋	84 Po 钋	85 At 砹	86 Rn 氡
110 Ds 𫟼	111 Rg 𬬭	112 Cn 鿔	113 Nh 鿭	114 Fl 𫓧	115 Mc 镆	116 Lv 𫟷	117 Ts 鿬	118 Og 鿫

63 Eu 铕	64 Gd 钆	65 Tb 铽	66 Dy 镝	67 Ho 钬	68 Er 铒	69 Tm 铥	70 Yb 镱	71 Lu 镥
95 Am 镅	96 Cm 锔	97 Bk 锫	98 Cf 锎	99 Es 锿	100 Fm 镄	101 Md 钔	102 No 锘	103 Lr 铹

简单整理一下

1. 宇宙大爆炸之后最先产生了氢和氦。

2. 小恒星只能合成像碳、氮等轻元素，而大恒星才能逐渐形成氧、铁等更重的元素。

3. 22号钛到30号锌是在超新星爆发时产生的。

4. 44号钌一直到83号铋，绝大多数元素都是中子星并合形成的，这些元素更重一些。

5. 95号到118号元素的故乡是地球的实验室。

■ 宇宙大爆炸
■ 恒星
■ 宇宙线撞击
■ 超新星爆发
■ 中子星并合
■ 放射性衰变
■ 地球实验室

H 1																	He 2
Li 3	Be 4											B 5	C 6	N 7	O 8	F 9	Ne 10
Na 11	Mg 12											Al 13	Si 14	P 15	S 16	Cl 17	Ar 18
K 19	Ca 20	Sc 21	Ti 22	V 23	Cr 24	Mn 25	Fe 26	Co 27	Ni 28	Cu 29	Zn 30	Ga 31	Ge 32	As 33	Se 34	Br 35	Kr 36
Rb 37	Sr 38	Y 39	Zr 40	Nb 41	Mo 42	Tc 43	Ru 44	Rh 45	Pd 46	Ag 47	Cd 48	In 49	Sn 50	Sb 51	Te 52	I 53	Xe 54
Cs 55	Ba 56	镧系 57–71	Hf 72	Ta 73	W 74	Re 75	Os 76	Ir 77	Pt 78	Au 79	Hg 80	Tl 81	Pb 82	Bi 83	Po 84	At 85	Rn 86
Fr 87	Ra 88	锕系 89–103	Rf 104	Db 105	Sg 106	Bh 107	Hs 108	Mt 109	Ds 110	Rg 111	Cn 112	Nh 113	Fl 114	Mc 115	Lv 116	Ts 117	Og 118

元素产生的地方

问题6　是谁最先知道水分子的样子的？

水分子的形状是弯曲的。中间有氧原子，弯曲的两端有氢原子。水分子的样子可不是被人看出来的，而是经过数学计算之后绘制出来的，是不是很神奇？

现在我们也可以通过特殊的科学仪器观察到水分子形状，比如同步加速器、电子显微镜等。但我们在观察的时候仍然需要经过一些数学计算。

问题7　多少个水分子聚在一起我们才能用肉眼看到呢？

这个嘛，1毫米以上的东西我们才能用肉眼看到。400万个水分子聚集在一起大约有1毫米。那么长、宽、高各1毫米的箱子里到底可以装下多少个水分子呢？

$$4\,000\,000 \times 4\,000\,000 \times 4\,000\,000 = 64\,000\,000\,000\,000\,000\,000$$

我都不知道该怎样读出上面的数字了。地球人口约80亿，用数字表示的话是8 000 000 000。所以你能感受出这是一个多大的数字了吗？

问题8　关于水，我们还有没弄清楚的地方吗？

科学家们最好奇的是，除地球外，水还聚集在哪里？无论是固态还是液态都可以，因为只要有水就会有生命存在。科学家们真正想要知道的是：宇宙中还有什么地方存在生命体。

版权贸易合同登记号　图字：01-2022-3385

图书在版编目（CIP）数据

奇妙的宇宙大爆炸之旅. 活泼的水 /（韩）李庭模著；（韩）金振赫绘；汪洁译. --北京：电子工业出版社，2023.4
ISBN 978-7-121-44823-2

Ⅰ.①奇…　Ⅱ.①李…　②金…　③汪…　Ⅲ.①“大爆炸”宇宙学－少儿读物　②水－少儿读物
Ⅳ.①P159.3-49　②P33-49

中国国家版本馆CIP数据核字（2023）第015585号

责任编辑：张莉莉
印　　刷：北京利丰雅高长城印刷有限公司
装　　订：北京利丰雅高长城印刷有限公司
出版发行：电子工业出版社
　　　　　北京市海淀区万寿路173信箱　邮编：100036
开　　本：787×1092　1/16　印张：6　字数：43.6千字
版　　次：2023年4月第1版
印　　次：2023年4月第1次印刷
定　　价：90.00元（全2册）

凡所购买电子工业出版社图书有缺损问题，请向购买书店调换。若书店售缺，请与本社发行部联系，联系及邮购电话：（010）88254888，88258888。
质量投诉请发邮件至zlts@phei.com.cn，盗版侵权举报请发邮件至dbqq@phei.com.cn。
本书咨询联系方式：（010）88254161转1835。